植物大戰殭屍2

人體漫畫

特工急救車

笑江南 編繪

中華教育

向日葵	豌豆射手	紅針花

菜問	閃電蘆葦	堅果

倭瓜	稜鏡草	綠影俠

海盜殭屍

海盜船長殭屍

斗篷殭屍

路障牛仔殭屍

普通牛仔殭屍

殭屍博士

深海巨人殭屍

雞賊殭屍

專家推薦

　　生命是寶貴的，但有時候，我們不知道明天和意外哪個先來。溺水、電擊、心跳驟停、煤氣中毒……各種意外層出不窮，危害着人們的生命和健康。尤其是兒童，因為應變能力弱，缺乏必要的醫學常識和自我保護意識，令人痛心的悲劇常有發生。

　　其實，有效的急救處理可以大大降低意外傷害，甚至能挽救生命。那麼，我們應該怎麼做呢？被貓狗咬傷該怎麼辦？心跳驟停了怎麼辦？溺水了怎麼辦？……本書針對生活中發生頻率較高、傷害較大的意外情況，以通俗易懂的講解，增強兒童自我急救和救助他人的知識和能力，從而保衛健康，守護寶貴的生命。

　　急救是一門科學，生命安全教育應當成為全民的必修課。我真誠地希望同學們在閱讀令人捧腹的漫畫故事的同時，培養急救意識，了解急救理念，學會急救知識和技能，健康、平安地長大，成為造福社會的有用之才！

賈大成

北京急救中心知名資深急救專家
中國醫師協會健康傳播工作委員會顧問
北京大學醫學繼續教育學院客座教授
中華志願者協會應急救援志願者委員會首席顧問
北京市紅十字會應急救護工作指導委員會常務委員

目錄

臨門一腳

植物鎮

菜問，
接球！

我來也！

我是不會讓
你進球的！

看我的「菜問
迴旋踢」！

嘭

這都能中，你也太厲害了！

那當然，我的迴旋踢可是百發百中。

堅果離那麼遠看球，你都能踢中他，真不是一般人能做到的……

睄

啊——異物入眼了！

啊！

趕緊揉一揉！

不能揉！以免擦傷眼角膜。

菜問說得對！異物入眼後，切記不要用手揉眼睛。

閃電蘆薈院長！

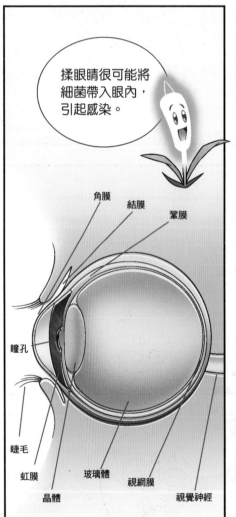

揉眼睛很可能將細菌帶入眼內，引起感染。

角膜

結膜

鞏膜

瞳孔

睫毛

虹膜

玻璃體

視網膜

晶體

視覺神經

如果只是異物入眼，眼部會自動分泌眼淚，可以閉眼休息一會，異物一般會隨着眼淚流出。

好了，眼睛不難受了。剛才被砸的那一下還挺疼。

先不說了，我要趕緊走了。

您要去哪兒呀？

去特工學院。

特工學院？！

您帶我去見識一下吧！

我要跟着菜問一起去！

你也想去見識一下？

不！他剛才踢球砸到我，我要跟着他白吃白喝，以安撫我受傷的小心靈！

5

海盜船

看來我的威名已經傳遍五湖四海了!

船長,博士給您寄了邀請信!

快給我看看!

哈哈,博士說我是世界上的最強戰士,還邀請我去他的基地商量大事。

其實博士給大家都寄了信,最強戰士不止您一個喲!

毀滅植物鎮的時機到啦！

我們和植物交手這麼多次，沒贏過一次啊。

尤其那些植物特工，太厲害了，我們根本不是他們的對手。

不，這次不同了，有我新發明的祕密武器，勝利唾手可得！

特工學院

我們不是要去特工學院嗎？

是啊。

那來公園幹甚麼？

啊！這裏還有這麼高科技的東西！

甚麼？

最新款的
聲控零食
販賣機!

菜問,我有
點餓了,想
吃東西。

這麼多零食,
那你買啊。

那你付
錢吧。

你要吃,
為甚麼是
我付錢?

你想想,是哪
個狼心的傢伙
踢球砸中了無
辜的我?

行吧，你要吃甚麼？

這個花生米……

還以為你要獅子大開口呢，原來只要一小包花生米啊。

那我再來包棉花糖。

你們怎麼走得這麼慢啊？

堅果比較忙……

對，我在忙着吃東西呢。

走路的時候最好不要吃東西喲。

走路吃東西，對消化不好，還可能被食物噎住。

我吃東西很有經驗的，才不會被噎住呢！

堅果，你怎麼了？

他被噎住了！

怪不得堅果的臉憋得通紅。

得趕緊使用謙烈治急救法！

堅果，別緊張。

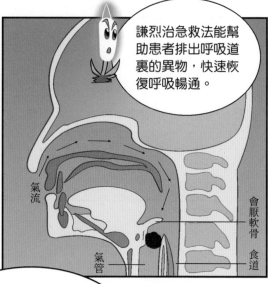

謙烈治急救法能幫助患者排出呼吸道裏的異物，快速恢復呼吸暢通。

氣流

會厭軟骨　食道

氣管

使用謙烈治急救法時，其中一手握成拳，放在肚臍上兩橫指部位；另一手包握住拳頭，快速向後、向上衝擊，直到患者將異物排出。

如果身邊沒有可求助的人，患者可以稍稍彎下腰，靠在一個固定的物體如椅子上，然後用椅子邊緣頂住肚臍上兩橫指的上腹部，快速衝擊，直到將異物排出。

謙烈治醫生真了不起，竟然能發明這種急救方法。

謙烈治是一位經驗豐富的外科醫生。他見到太多因異物而窒息死亡的病例，因此萌發改進急救的想法。

他發明的這種急救法，可是挽救了很多生命。

走路時我再也不吃棉花糖了！

這才對嘛！

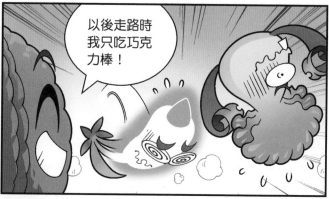

以後走路時我只吃巧克力棒！

院長，特工學院到底在哪兒啊？

太久沒來，差點兒找不到了。就是這裏了。

啊？

您不是在開玩笑吧？這兒除了樹，甚麼都沒有啊。

難道你們沒發現其他東西嗎？

甚麼東西？

有花有草，還有小石頭啊。

看這兒，接下來就是見證奇跡的時刻了。

認證通過，歡迎來到特工學院。

原來這棵大樹就是特工學院的入口啊！

太酷啦！

站穩了，我們要下去了。

下去？

啊！

特工學院就在植物鎮地下啊！

特工學院

終於能見到特工是怎麼訓練的了，我好開心啊！

終於能見到特工們的伙食了，我好期待啊！

15

老友相見

閃電蘆葦院長，您好！

咦，稜鏡草竟然也在特工學院。

信中說校長心臟病突發，情況危急，現在怎麼樣了？

他已經好過來了，但為防止他再次發病，希望您這次來給他檢查一下。

他的身體一向很好，怎麼會心臟病突發呢？

他是在我們和殭屍對戰之後發病的。

肯定是因為戰況不利，校長太焦急，引發了心臟病。

不是……我們打贏殭屍後開慶功派對，校長是因為太激動才發病的。

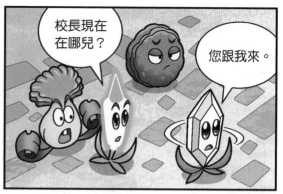

校長現在在哪兒？

您跟我來。

你們就別去了，可以在這邊轉轉。

那我可以去特工訓練場參觀嗎？

可以呀。

訓練場就在那兒。

好的！

堅果，我們走。

太累了，我不去！

訓練場旁邊就是學生食堂。

你們慢慢聊，我先走一步啦！

等等我啊！

想要身體好，運動少不了。

校長，您看誰來啦？

倭瓜校長，好久不見！

天啊，太意外了，你怎麼有空來啊！

啊——

校長！

他是心跳驟停，需要急救。

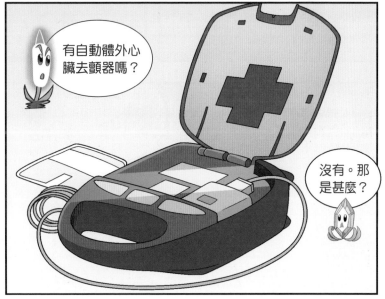

有自動體外心臟去顫器嗎？

沒有。那是甚麼？

自動體外心臟去顫器俗稱 AED，是搶救心跳驟停患者的便攜式儀器。

啊……

他有反應了！

你們還是要備一台 AED 啊。

這個東西很重要嗎？

在患者心跳驟停的「黃金4分鐘」內對其進行心肺復甦，並利用AED進行除顫，是目前挽救生命最有效的辦法。

有個地方一定有 AED！

哪兒？

購物網站。

對了，您剛才是用心肺復甦法救校長吧？

是的，但一定要正確使用這種急救方法。

第一步，輕拍患者雙肩，或者在耳旁大聲呼叫，判斷患者有無意識。

如患者意識喪失、胸部無起伏、呼吸停止，即可確認患者心跳驟停。

第二步，趕緊報警，或是向周圍人求助。

第三步，輕輕將患者擺放至仰臥體位。

第四步，給患者進行胸外心臟按壓30次。

按壓位置：胸部正中，兩乳頭連線的中心
按壓姿勢：肩關節、肘關節、腕關節垂直成一條直線，雙手拳重疊
按壓深度：5至6厘米
按壓頻率：每分鐘100至120次

第五步，開放患者氣道，但要先檢查患者口腔中是否有異物。

方法：將一手的小魚際＊置於患者前額並向下壓；同時，另一手的食指和中指並攏，將患者的下巴向上抬起。此時患者鼻孔朝天，氣道開放。

第六步，人工吹氣兩次。

方法：用拇指和食指緊捏患者雙側鼻翼，同時用自己的嘴巴包着患者嘴巴，連續向患者吹氣兩次。每次吹氣時，見到患者胸部起伏即可，吹氣時間持續一秒鐘。每次吹氣後，鬆開捏鼻翼的手指。

然後重複第四步至第六步。

＊小魚際：尾指與手腕之間凸起的部分。

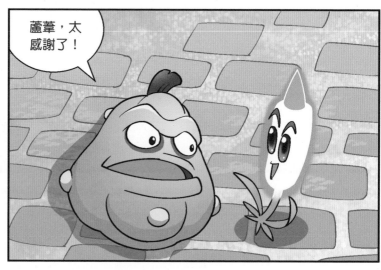

熬夜、工作壓力大、超負荷的運動都可能引起心跳驟停，平時看起來健康的人一樣不能掉以輕心。

您一定是工作壓力太大了。

我也是這麼想的。

看來我要放下壓力，暫時離開工作崗位，好好調理身體了。

我支持您！

那我就把壓力交給你吧。從今天起，你負責整個植物鎮的防禦指揮工作。

突發震動

特工學院

你好,我要點餐。

我沒見過你呀,你不是這兒的學生吧!

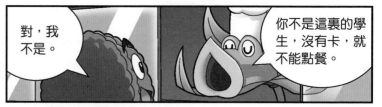

對,我不是。

你不是這裏的學生,沒有卡,就不能點餐。

你看我這麼可愛,不能通融一下嗎?

26

你好，一份能量餐外賣。

好嘞！

你怎麼了？

我想吃東西，但他說不是這裏的學生，沒有卡就不能點餐。

能量餐來啦！

師傅，可以讓他用我的卡點餐嗎？

那好吧。

謝謝！我會給你錢的。

27

說吧，要吃甚麼？

我要兩份擔擔麵、兩份炸春卷、兩份饅頭、兩份蒸餃、兩份果汁。

謝謝你！

不客氣！

菜問，我把自己認為好吃的東西都點了兩份。

算你有心，還知道幫我點。

不，這都是我給自己點的，你要吃的話自己去點吧，記得先借張卡。

28

你堅持住，我帶你去找這裏的醫務室！

怎麼感覺你又重了！

可能是我剛剛吃太多了……

啊，他受傷了！我去拿急救包。

他的頭部有出血，應該立即採取壓迫止血法：用無菌紗布或其他清潔質軟的布料壓迫傷口，止住血後用繃帶纏紮。

食堂日常也配備了急救包，我幫你包紮一下吧。

謝謝你。

不愧是特工學院，每個人都好厲害。

哎呀……

怎麼了，我傷得很嚴重嗎？

不是，因為你的頭太大，繃帶不夠用了。

但傷口看起來不大，消消毒應該很快就能痊癒了。

真是太謝謝你了。剛剛地震了，我們趕緊去安全的地方避難吧。

那不是地震，是特工學員們在進行演習訓練。

演習訓練？那震動也太大了，屋頂的石頭都被震下來了。

特工訓練一定很精彩！

咦，堅果去哪兒了？

他被你彈飛了。

烏龍特工

特工訓練基地

訓練場

這是新開發出來的海膽炸彈，爆炸時會射出許多小針。

醒醒！站着上課都能睡着，你們有那麼累嗎？

對學習這麼不上心，遇到殭屍可怎麼辦呀！

植物鎮現在的防禦系統足夠對付那些殭屍了，我們為甚麼還要辛苦學習呢？

你怎麼知道能足夠對付殭屍？

我們和他們都交戰了那麼多次，他們一次都沒贏過啊！

不管贏了多少次，我們都不能驕傲，你難道不知道「驕兵必敗」這個成語嗎？

等我查過詞典，就知道了。

綠影俠，稜鏡草找你。

好的！

我去去就來，你們在原地休息。

好。

你們好！

你們來這兒幹嗎？

聽說特工訓練時超級炫酷，我們來見識一下。

你們算是來對了，我們的訓練項目確實非常炫酷！

沒錯！

都有哪些訓練項目啊？

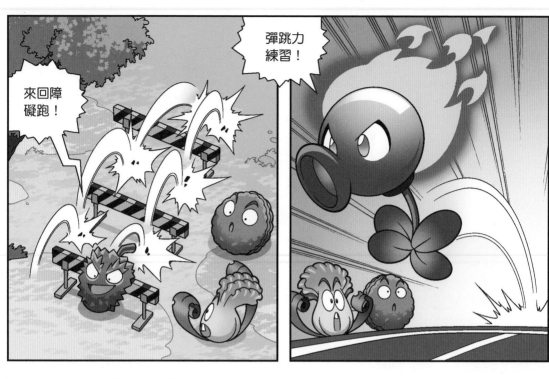

你們居然比賽這個，太過分了！

記得給我留點兒吃的呀！

你們的特工訓練跟普通體育課內容沒甚麼區別啊。

沒區別？！

普通體育課也有跑步、跳遠……我看你們的訓練只是名稱炫吧。

我們可是有高科技武器的！

別動，我們還沒學會使用這武器呢！

這可不是鬧着玩的，千萬別亂動。

要是我現在不動，他們會瞧不起我們的！

別囉唆了，出事了我負責！

看好了！

嗖

啪

啊，那飛鏢和無窮小鬼殭屍一樣可以分身啊！

知道厲害了吧？！

飛鏢的攻擊力強嗎？

不知道。

它能飛多久呀？

不知道。

你怎麼甚麼都不知道？！

我們很快就能知道它的攻擊力強不強了。

你怎麼知道？

因為它們衝我們過來啦！

別追我呀！

快讓它們停下！

我不知道怎麼讓它們停啊！

嘿！

嘯

嘯

嘯

啊！

我踢！

發生甚麼事了？

啊——

不好，他被割傷了！

傷口不大，不過還是要趕緊消毒，防止感染。

聽說口水能消毒，我來幫忙吧！

別亂來！

用嘴巴舔傷口，口腔裏的細菌很容易使傷口感染。

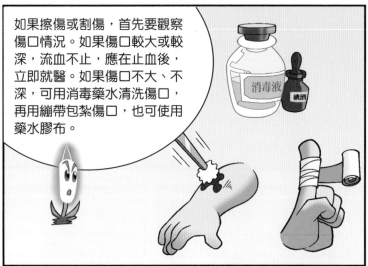

如果擦傷或割傷，首先要觀察傷口情況。如果傷口較大或較深，流血不止，應在止血後，立即就醫。如果傷口不大、不深，可用消毒藥水清洗傷口，再用繃帶包紮傷口，也可使用藥水膠布。

消毒液

碘酒

來吧，我帶你去包紮。

麻煩您了。

我們也去！

是誰亂動幻影飛鏢的？

是⋯⋯是我。

這是幻影飛鏢的說明書，你拿好了，下次不要再亂使用了。

是！

還以為老師會處罰我，沒想到只是讓我看說明書啊。

只看說明書，你應該是不會明白的。你先抄寫十遍，然後我再教你。

自食其果

醫院到啦。

在哪兒呢？這裏只有一輛急救車呀。

醫院大樓在前一段時間意外坍塌，現在只能把急救車作為臨時救治點了。我最近在改造這輛車，讓它更能承擔急救任務。

啊？

傷口惡化了嗎？

把手伸出來吧。

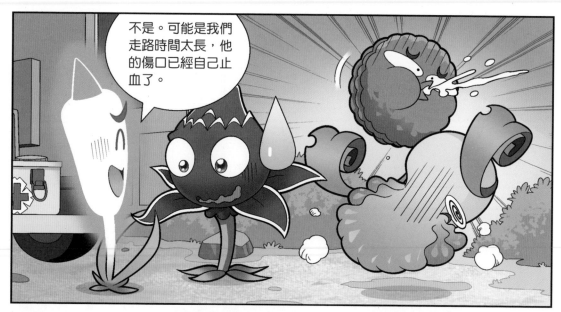

不是。可能是我們走路時間太長，他的傷口已經自己止血了。

太好了，我又可以去訓練了。

紅針花也是特工學員嗎？

聽綠影俠說，他是所有學員中最厲害的。

我要向他學習！

他都這麼厲害了，為甚麼還堅持訓練呀？

學如逆水行舟，不進則退。只有不斷磨煉自己，才能變得更強啊。

45

我也想去
學習。

你也想向紅
針花學習？

這邊食堂的炸
春卷好吃，我
想去那兒學習
怎麼炸春卷。

訓練場

47

這傢伙就喜歡在老師面前炫耀，害我們丟臉。

我們去教訓一下他吧。

你跟我加起來都不是他的對手，怎麼教訓呀？

嗡

嗡

嗡

有了！

紅針花！

你怎麼來了？

我來看看你的傷口有沒有因為訓練出現惡化。

謝謝你，不過我已經全好了。

49

哎喲，疼死了。

太疼了！

你們怎麼會被蜇成這樣？

他想拿蜂窩偷襲紅針花，結果不小心把蜂窩弄到我頭上了。

蜜蜂蜇人後會把刺留在皮膚裏，千萬不要強行擠壓傷口。可以用針挑出刺，或用膠布把刺粘出來……

啊——疼！

要是被馬蜂、虎頭蜂等蜇傷，因為牠們的毒液呈鹼性，傷口處應用弱酸性溶液如食醋等塗抹。

在被蜜蜂、泥蜂等蜇傷後，因為牠們的毒液呈弱酸性，可用弱鹼性溶液如肥皂水等塗抹傷口。

算你們走運，沒有被蜜蜂蜇到要害。

我們的臉甚麼時候才能恢復原樣啊？

運氣好的話，兩三天吧。

運氣差的話……

兩週左右一般也就好了！

殭屍來襲

總算簽完了，怪不得倭瓜校長這麼累。

這些也需要簽名。

警報！發現殭屍蹤跡！

看他們的位置，應該是在植物鎮的西邊。

哎呀，那兒可沒多少防禦武器！

不怕，我可以帶特工們迎擊！

辛苦了！

有殭屍來襲，稜鏡草同意由我帶領特工們前去迎擊。

訓練場

紅針花，你跟我一起去。

好！

我不是這樣的啊！不信您問榴槤和火焰豌豆射手！

其實你就是這樣的。

對。

大家都是為你好。

兄弟們，衝啊！

他們逃走了！

我的後腦勺好疼呀。

你被燙傷了。

急救車來也！

你們來得正好，榴槤被火焰豌豆燙傷了。

菜問，快拿冷水來！

好！

皮膚被燙傷或燒傷後，不要驚慌，立刻用冷水沖洗燙傷處。

嘩

沖洗後不要用毛巾、紙巾等揉擦，讓其自然風乾。切記不要抹牙膏、風油精等，防止掩蓋傷情，滋生細菌，引發感染。

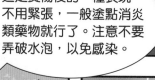他的皮膚起泡了！

這是燙傷後的一種表現，不用緊張，一般塗點消炎類藥物就行了。注意不要弄破水泡，以免感染。

如果水泡較大，或位於關節等容易破損處，則需要醫生用消毒針刺破，再用消毒棉棒擦乾水泡周圍流出的液體。

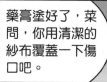藥膏塗好了，菜問，你用清潔的紗布覆蓋一下傷口吧。

沒問題！

好了！

急救車來得真及時啊！

嘿嘿。

菜問，別開玩笑，對於燙傷，簡單覆蓋一下就行了，不用包紮得這麼密實。

夠密實吧？我可是按照最高覆蓋標準做的喲！

你是按包粽子的標準做的吧？

勇氣徽章

堅果，我回來啦！

情況怎麼樣了？

還好我們去得及時，否則榴槤就陣亡啦！

這麼嚴重啊？

誰陣亡了?

啊,榴槤?

你不會是來找我麻煩的吧?

其實,我是來請你吃飯的,感謝你幫我療傷。

算你有良心。

聽者有份,我也要去!

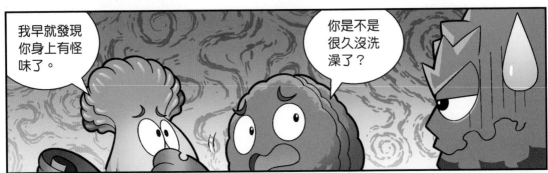

*煤氣本是無色無味的，為了使人們警覺煤氣泄漏，常在煤氣裏加入有氣味的成分。

我去開窗戶，你們去關煤氣閥。

我們得快點把他抬出去。

好的。

哎呀，他的臉色不太好。

人吸入煤氣，會出現頭疼、頭暈、全身無力、心慌、噁心嘔吐、面色潮紅、嘴唇呈殷紅色等症狀，嚴重的還會昏迷。

我要趕緊給閃電蘆葦院長打電話。

我來啦！

幸虧你們及時發現，否則吹風萊蘭就危險了。

我叫他，可他沒反應。

煤氣中毒的患者會出現意識不清、四肢發涼、血壓下降、呼吸微弱等症狀，嚴重的會危及生命。

如果發現家中煤氣泄漏，一定要先開窗、開門，保持空氣流通，注意在現場不能打電話求救，以防爆炸。

為煤氣中毒昏迷的人急救時，首先要清除其口中的嘔吐物等異物；然後使其保持穩定的側臥位，以確保呼吸道通暢。

如果中毒者呼吸停止，要立刻對其進行心肺復甦。

吹風莢蘭，你要快點醒過來啊。

沒想到你們的感情這麼好。

他做的東西真的很好吃，我永遠都忘不了！

紅針花在對戰殭屍的行動中表現非常勇敢,特工學院決定授予他勇氣徽章!

謝謝老師!

老師真偏心,總是給紅針花出風頭的機會。

不過,我也好想拿勇氣徽章啊。

魔音甜菜,你在練習發呆嗎?

如果你能打敗殭屍，就能拿到勇氣徽章啦。

我在想怎麼拿勇氣徽章！

對呀！如果我去偷襲殭屍，那麼我肯定能拿到徽章！

憑你的實力，應該不能偷襲成功吧？

你身為我的朋友，此時就應該鼓勵我，肯定我！

對不起，我重說。

憑你的實力，肯定沒法偷襲成功！

輕敵之禍

不管怎樣，我都要去偷襲！

訓練場

殭屍的戰鬥力那麼差，只要我帶上助手，肯定能偷襲成功！

不要輕敵，殭屍沒你想得那麼弱，而且你也沒有助手啊。

我的助手就是你啊。

太危險了，我不去。

你不去，我就自己去！我們從此絕交！

唉，總不能讓他一個人去冒險⋯⋯

殭屍博士基地

沒想到這麼容易就進來了。

我就說殭屍不行吧，那麼重要的地方，居然不安排巡邏員。

不好，我好像看到巡邏員了。

這裏一個殭屍也沒有啊。

就你們倆？真是不知道天高地厚，居然敢來偷襲我的大本營。

我們是不會向你投降的！

你們的戰鬥力這麼差，就算想投降，我也不會接受。

既然你不想我們投降，那就放了我們吧。

想得美！你當這兒是旅遊景點嗎，想來就來，想走就走？！

既然你們落到我手裏了，那我就珍惜機會。

特工學院

救命啊！

汪汪！

菜問快救我！

我的拳頭更好吃，你要不要呀？

不用了，謝謝。

咦，你背後怎麼有牙印？

剛才被狗咬了一下，應該沒大礙，不怎麼疼。

你的皮膚已經被咬破了，這可不是小事！

你帶我去哪兒啊？

被貓狗咬傷或抓傷，一定要盡快用流動的清水或肥皂水徹底清洗傷口，防止感染狂犬病毒。

咬傷部位的污血需要全部擠出，然後用酒精等仔細擦洗傷口，給傷口徹底消毒。

好疼，你這是在借機虐待我吧！

還有更疼的呢？

被咬傷後，最重要的是要在24小時內開始注射狂犬病疫苗。

啊——

看你以後還敢不敢再去吃狗糧！

我一定要好好練習跑步，以後再吃狗糧，狗肯定追不上我！

電擊陷阱

這是甚麼呀？

這是我為了改造特工急救車畫的草圖。

畫得真好！

真的嗎？

凡是我看不懂的畫，我都覺得好。

綠影俠，你快跟我去一下指揮室！

綠影俠！你的學生在我手裏，如果想讓他們平安無事，就出來跟我一決勝負吧！

他們怎麼會被殭屍抓住啊？

不清楚，當務之急是把他們救回來。

讓學員們和你一起去吧。

紅針花他們去練習了，事出突然，我自己去！

那我跟你一起去，說不定緊急時刻能幫上忙。

太好了，謝謝你。

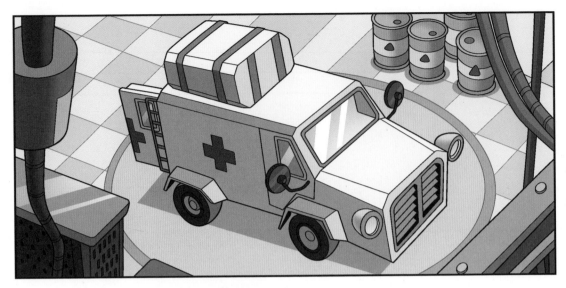

您要跟綠影俠一起去救人嗎？

是呀。

我們想和您一起去。

不行，太危險了。

關鍵時刻，多個人幫忙總是好的，我們這也算實踐了。

好吧，那你們一定要小心，如果遇到危險，不要硬拼，趕緊逃！

嗯！

把遙控器還給我！

堅果！

你們為甚麼不去追？

你沒讓我們追啊。

綠影俠冒煙了。

快把急救車開過來！

好！

強烈的電流通過人的一瞬間，人可能會立刻心跳驟停，局部也會有不同程度的燒傷、出血、焦黑等現象。

有時候，觸電者還會昏迷不醒，心跳和呼吸極其微弱，實際上觸電者只是進入假死狀態，並沒有真正死亡，這時要迅速進行搶救。

想救她，你先救你自己吧！

啊！

禍不單行

不許你傷害他！

我吐吐吐吐吐！

我打打打打打！

快看！你背後是誰？

哈哈，你中計啦！

可惡，居然騙我！

看你背後……

我不會再相信你了！

不信他人言，吃虧在眼前！

啊，怎麼又倒下一個？

綠影俠被電擊導致心臟停搏，需對她進行心肺復甦。閃電蘆葦院長……

我可以挺住，先救綠影俠。

我聽說心肺復甦需要做人工呼吸……

就讓我來救綠影俠吧！我要玩一下。

走開啦，讓我來，你想玩去找堅果吧。

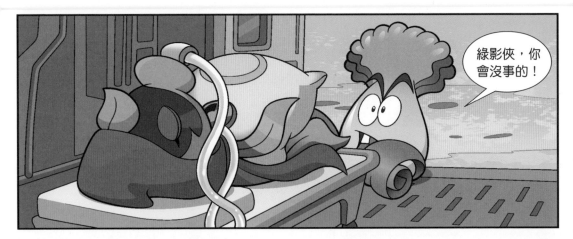

放心吧，只要我說一句話，他馬上就會出現。

說甚麼話？

堅果，回來吃飯！

我來啦！

好疼啊。

你們兩個沒用的傢伙，還不快來幫我！

好的！

我們這就幫你去叫人。

你先趴一會兒啊！

我怎麼會有你們這樣的隊友啊！

他們回來了！

怎麼了？

綠影俠中了殭屍的計，受了電擊，現在昏迷了。

有閃電蘆葦在，綠影俠一定會沒事的。

閃電蘆葦也被殭屍打倒了……

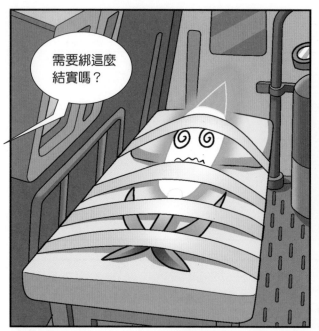

需要綁這麼結實嗎？

閃電蘆葦脊柱骨折，這樣固定身體，有助於康復。

原來脊柱骨折需要這麼治啊。

骨折是指骨的連續性或完整性被破壞。發生骨折，會出現劇烈疼痛、腫脹、出血、功能障礙等現象。

如果骨折時身邊沒人，盡量用繃帶等類似物包紮傷處，並盡量不移動傷處，盡快求救，等待救援。

如果遇到他人手臂骨折，可用消毒紗布或乾淨的墊子等將傷處保護起來，再用三角巾等物將傷臂懸吊起來。

要是遇到他人腿部骨折，用消毒紗布等將受傷部位保護起來，然後避開受傷部位，在骨折處上下兩端用繃帶等纏緊，固定腿部。

啊？你怎麼一下子懂這麼多急救知識了？

我一看就知道。

一看傷勢就能說出治療方法，你真是急救小天才啊！

這些知識在新貼的急救海報上，誰看誰知道啊。

毀滅倒數

特工學院指揮室

對不起！

都是因為我輕敵，才會讓綠影俠和閃電蘆葦受傷。

你們這次闖的禍太大了。

不管你讓我做甚麼，我都不會有怨言的！

那你就去向紅針花學習本領，為抵禦下一波殭屍進攻做準備吧。

我一定會努力的！

知錯就改，你依然是好孩子。

防禦武器的位置已經調整好了。

為甚麼要調整位置？

殭屍每次都從西邊進攻，所以我加強了西大門附近的防禦。

這樣一來，就算綠影俠暫時不能參戰，我們也不怕殭屍進攻了。

博士！植物果然將很多防禦武器都搬到了西邊！

哈哈，我就說吧！

植物鎮毀滅倒數，正式開始！

讓海盜殭屍們開啟祕密武器，執行最終計劃！

是！

植物鎮

火龍草，今天天氣這麼好，我們去踢球吧！

好呀！

這天氣叫好嗎？

那是甚麼？

救命啊！

為甚麼植物鎮會突然出現海龍捲？

這些海龍捲好像是從東邊海上來的。

趕緊開啟緊急通道，讓植物們到特工學院避難。

好！

又來一位傷員！

你哪兒受傷了？

剛才叫他的時候，他也是這麼呆呆的，沒回應。

他是不是精神出了問題？

啊，他耳朵裏有異物，難怪他聽不見我們說話。

我們是從水裏把他撈起來的，他的耳朵裏會不會進水了？

如果耳朵進水，可以將頭側向一邊，單腳跳動幾次，讓水流出；或是用棉花棒輕輕探入耳朵，將水分慢慢吸乾。

搞定了。

喂！你聽得見嗎？

他怎麼還是沒反應啊？

呀！他耳朵裏好像還有東西！

蟲子？

小石子？

好大的耳屎……

料理之禍

發射！

博士的祕密武器真厲害啊！

不要停啊！

你是操作員，怎麼能離開崗位呢！？

你說得對，我不該離開崗位去睡覺的！

這還差不多。

我這就把牀搬來，在崗位上睡！

乾杯！

三小時後，我們從陸地上發起總攻擊，到時候植物們就完蛋啦！

博士萬歲！

他們可能食物中毒了。

好好的，怎麼會食物中毒呢？

食物中毒一般因有毒性或變質的食物引起。

多數會出現腸胃症狀，有時會出現脫水症狀，比如嘴唇乾燥、眼球下陷等，嚴重的還會休克。

食物中毒 2 小時內，可用湯匙柄或手指等刺激咽喉，或是喝吐根糖漿進行催吐。

如果中毒時間超過 2 小時，且中毒者精神尚好，則可服用瀉藥，使有毒食物排出體外。

如果誤食了變質的飲料或防腐劑，可以灌服鮮牛奶或其他含蛋白質的飲料。

你懂的急救知識不少嘛！

哈哈，我曾經因為貪吃有過幾次食物中毒的經歷，這些是醫生告訴我的。

但他們都去住院了，我的計劃怎麼辦？

只能推遲了。

伙食是誰負責的？

本來是我負責，但是他們中午吃的是牛仔普通殭屍叫的外賣。

是他先做了黑暗料理，我才叫的外賣。

絕地反擊

我查到原因了!

快說!

海盜殭屍們用一種特殊儀器製造出襲擊植物鎮的海龍捲。

那為甚麼東邊的防禦武器沒有反應呢?

防禦武器大都被挪到西邊了，東邊現在幾乎沒有甚麼了啊！

這都是我的錯啊！

這怎麼能怪你呢，明明是殭屍太狡猾。

都怪我考慮得不周全。

我們還是有機會反敗為勝的。

只要摧毀殭屍的武器，植物鎮就能轉危為安。

綠影俠還沒恢復，誰能去執行這麼危險的任務呢？

我可以。

我們不能讓你獨自去。

沒錯！

我們要和你一起戰鬥。

這個任務太危險了。

就是因為危險，所以才要一起行動呀。

就是，這樣我們互相有個照應嘛。

菜問或許可以照應我,你就算了吧。

別小看我!

好啊,那我來考考你。

如果有人在戰鬥中扭傷了,非常疼,該怎麼處理呢?

如果是我扭傷了,就給我吃糖,甜食能讓我忘記一切傷痛。

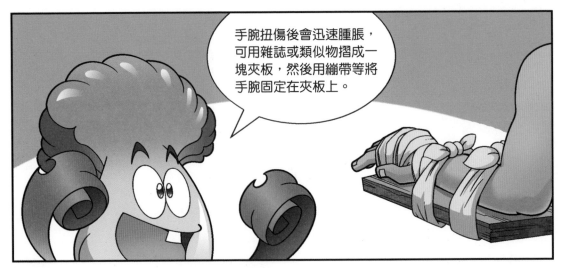

手腕扭傷後會迅速腫脹，可用雜誌或類似物摺成一塊夾板，然後用繃帶等將手腕固定在夾板上。

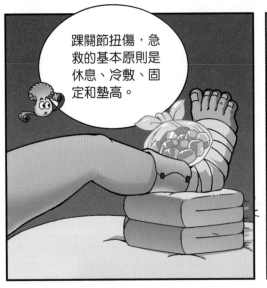

踝關節扭傷，急救的基本原則是休息、冷敷、固定和墊高。

你還是待在這兒吃糖吧，戰鬥對你來說太危險。

我剛才是開玩笑的，哈哈。

帶上堅果吧，關鍵時刻，說不定他有作用。

真的嗎？

還是菜問了解我！

萬一你被殭屍圍困，把堅果丟出去，你就能跑了。

紅針花，之前我的傲慢輕敵害了老師，也害了植物鎮……對不起！

魔音甜菜……你很優秀啊！

現在是植物鎮最危險的時候，我們一定要齊心協力。

好！

可是，如果大家都去了海上，萬一地面上也有殭屍進攻，那該怎麼辦？

兵分兩路吧！

我還有個問題。

怎麼了？

紅針花、菜問、堅果去東邊海域；魔音甜菜、榴槤、火焰豌豆射手留下來協助防禦。

好！

海盜殭屍在海上，我們是要坐船去偷襲嗎？

跟我來，給你們看樣好東西！

看！這就是根據閃電蘆葦的設計圖，升級改造後的三棲特工急救車！

這車不僅能在地上跑、水中游，還能在天上飛！

車上還配備了特工學院最先進的各種急救設備和藥品。

太酷了！

那我們出發吧！

在你們出發之前，給我簽個名吧。

為甚麼要簽名呀？

要是你們勝利歸來，成了大英雄，那你們的簽名會變得很值錢啊！

特工急救車

海盜船

有沒有發現甚麼異常？

有！

剛才我發現天空中有一個奇怪的影子。

影子？

後來我發現原來是隻大胖海鷗。

116

衝啊！

我們人多勢眾，看你怎麼辦！

紅針花，我們來幫你啦！

我來解決左邊那個，你去解決右邊那個。

好！

那我能幫着做點甚麼啊？

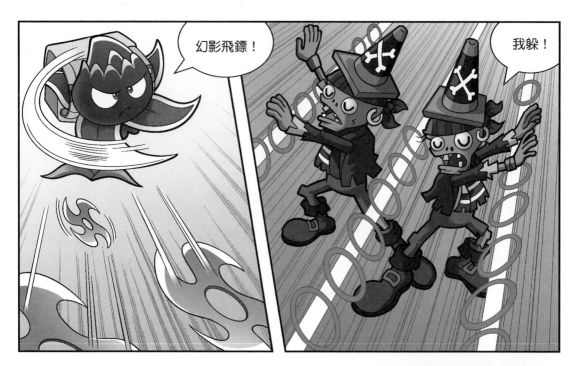

就算你腰身柔軟，也還是會中招。

你們別動，再動就別怪我對他不客氣了！

留得青山在，不怕沒柴燒！

跟我走，你得做我的擋箭牌。

啊！

你們要是敢追來，我就對他不客氣！

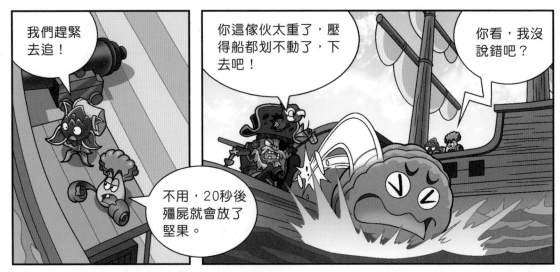

我們趕緊去追！

你這傢伙太重了，壓得船都划不動了，下去吧！

你看，我沒說錯吧？

不用，20秒後殭屍就會放了堅果。

船長！等等我們啊！

救命呀！

堅果不會游泳，要快點兒救他！

堅果別驚慌！不要掙扎，否則會沉得更快！全身放鬆！放鬆！

人如果長時間溺水，會導致大腦缺氧，大量腦細胞會因此死亡。

落水後，如果發現周圍有人，要調整呼吸，大聲呼救；如果周圍沒人，就要自救，切忌將手臂上舉亂撲，這樣會使身體下沉得更快。

應屏住呼吸，然後使身體放鬆，盡可能保持仰位，使頭部後仰。這樣可以使口鼻浮出水面進行呼吸和呼救。

如果發現有比較堅固的物體，則要用力地去抓住此物體，以防被流水沖走。

作為兒童，遇到有人遇溺時，不要貿然下水施救，要在岸上呼救或報警，要請大人幫忙。切記不要逞強救人。

都甚麼時候了，你還在搞科普！

給你救生圈！

你又砸到我了！

生死存亡

海盜船

我還以為自己會淹死呢。

沒事了,你回去要學習游泳啊。

好想吃點甜食壓壓驚啊!

沒有。

止咳糖漿有甜味,要嗎?

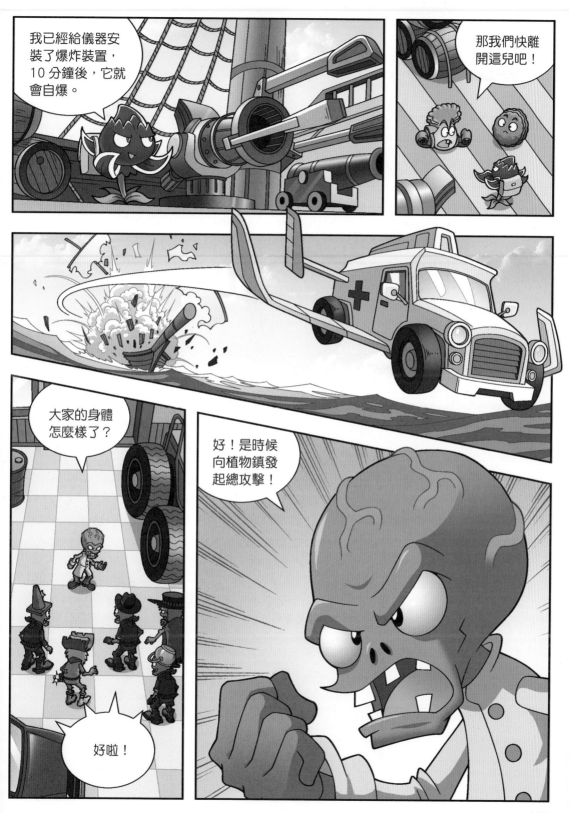

127

出發吧！

稜鏡草，
不好了！

紅針花他們
出事了嗎？

不是！殭屍博士
帶着大隊殭屍正
趕往植物鎮，馬
上就要到啦！

趕緊開啟防
禦裝備！

先前植物鎮被
淹，導致有些
裝備的供電系
統短路了。

事到如今，我要親自上陣了！

平時你連袋米都扛不動，現在卻要親自上陣，你太勇敢了！

我是親自去維修供電系統。

現在是生死存亡的緊要關頭，我們一定要嚴防死守，給稜鏡草爭取時間，不能讓殭屍跨過這條線！

好！

衝啊！

衝啊！

我還要趕着去攻打植物呢！

你們快看！

植物們，你們的末日到了！

哎喲，這打扮……

這是流浪漢吧。

超級防禦炮

133

博士，你既然能變身，為甚麼不早點變身啊？

好東西當然要留到最後用！

況且變身效果只能維持 5 分鐘，我可不能浪費。

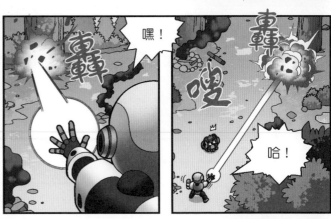

嘿！

轟

哈！

轟

嘍

抓住他，別讓他靠近植物鎮！

都給我讓開！

沒人能阻攔我！

不許你進入植物鎮⋯⋯

我答應過紅針花，在他回來之前要好好保護植物鎮。

殭屍博士！

鬆手！

啪 啪 啪

就不鬆！

接招！

口光

我們來了！

快去救魔音甜菜！

糟了，這是急性呼吸衰竭！

啊，怎麼會這樣？

呼吸道病變或肺組織受到傷害時就有可能導致呼吸衰竭，從而引起一系列的生理功能紊亂。

堅果，快把呼吸機拿來！

好的！

這就是呼吸機啊？

對，這能輸送氧氣。

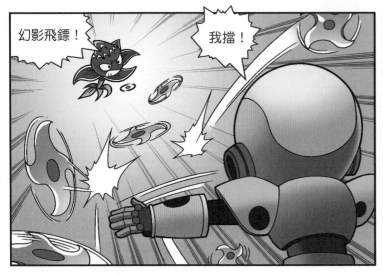

幻影飛鏢！

我擋！

超級防禦炮來啦！

超級防禦炮不耗電，不耗火藥，超級環保，威力無窮！

這是甚麼高科技武器？快讓我們見識一下吧！

請看！

大彈弓！

我們就算有彈弓，沒有大石頭當炮彈，也發射不了呀。

你們看我幹嗎？

你這麼敦實，不當炮彈可惜了。

榴槤也敦實啊，為甚麼不找他？

榴槤有傷在身上，不能讓他再冒險了。

我也不要冒險！

如果你願意當炮彈，我可以送你一箱特級巧克力！

我才不會被一箱巧克力收買呢！

141

我踢！

我有盔甲，
不怕炸彈！

變身時間到。

啊——

砰

成功啦！

太好了，殭屍博士被打飛了。綠影俠和閃電蘆葦一定非常高興。

他們現在怎麼樣了？

在我的悉心照料下，他們能吃能喝，還都胖了幾斤呢！

感謝你們為保護植物鎮做出的貢獻！

你們都很勇敢！

好啦，我們也該回去啦。

堅果，你去哪兒啊？

找稜鏡草！

沒想到堅果這麼有禮貌，臨走還要去找稜鏡草告別。

這是我家地址，你記得把欠我的兩箱巧克力快遞過去喲。

博士，我們又失敗了。

失敗是成功之母，一次失敗算不了甚麼。

我們已經失敗一百次了。

就算失敗一千次，我也不會放棄！看來我們只有去求他出馬了。

誰？

傳說中的「植物剋星」，有他在，我們一定能消滅植物！

（未完待續……）

急救原則

　　在現實生活中，人們隨時都有可能遇到突發的各種危險狀況。這時候不要驚慌，首先要確保現場安全，然後檢查傷者的情況，以防止傷勢繼續惡化；同時以減輕病痛、減少意外傷害為目的，採取一些力所能及的急救措施，並等待救援。

　　如果自己或他人突發疾病或受到意外傷害無法獨自處理時，應及時報警請求救援。撥打電話時應沉着冷靜，語言精練準確，並告知急救人員以下信息：

（1）患者的年齡、性別及具體的患病症狀，如嘔血、呼吸困難、抽搐不止等，以及發病的時間、過程。如果是因遭遇意外突發事故而受傷，則要說明具體原因，如觸電、車禍、中毒、遇溺等，以方便救護人員做好相應的準備。

（2）患者所處位置的詳細地址。如果地形複雜或不知確切地址，可將附近標誌物，如高大的建築、廣告牌或是明顯的地貌特徵等告訴救援人員。

等待救援時，在條件允許的情況下，可準備好患者需要用到的藥品、衣物等，並確保運輸患者的道路暢通，以利於急救人員及時趕到。

常見急救小知識

魚骨卡喉該怎麼辦？

魚類食品雖然營養豐富、味道鮮美，但是食用時如果不小心，很容易被魚骨卡住。所以我們在吃魚的時候，先要觀察魚肉中是否有骨，然後再入口。入口的魚肉還要用舌頭仔細地抿一抿，確保其中無骨，才可以放心下嚥。

當喉嚨不慎被魚骨卡住時，應立刻停止進食。如果自己和家人無法取出，應立即去醫院，讓醫生幫忙。切記不要喝醋。很多人認為，魚骨大部分是由含鈣物質組成的，喝醋可以令魚骨軟化甚至是溶解魚骨。但事實上，食醋中的醋酸含量很少，魚骨需要長時間在食醋中浸泡才會溶解，而我們喝下去的醋和魚骨接觸的時間很短，根本無法達到軟化的目的。而且如果食用過量的醋反而會刺激口腔、腸胃等，對身體造成傷害。另外，也不要試圖通過吞嚥饅頭、飯等來把魚骨推向深部，這些食物很容易使魚骨扎得更深，刺破鄰近的大血管，甚至導致大出血從而危及生命，還可能造成胸腔感染等嚴重後果。

凍傷了該怎麼辦？

在寒冷的冬天，如果在戶外過長時間，就會有被凍傷的危險。身體長時間處於低溫環境下，會導致血管痙攣，血液流量會因此減少，從而造成身體組織缺血、缺氧，皮膚淤血、腫脹。若為嚴重凍傷，人體組織可能會完全損壞，因此人們說的「凍掉耳朵」並不是誇大其詞。

如果不慎被凍傷，要盡快將凍傷部位浸入 38℃至 40℃的溫水中，然後在傷處塗抹凍傷膏，用乾淨的紗布輕輕包紮。但切記不要用極燙的水浸泡傷口，也不要將傷口放到暖氣、暖爐旁烘烤，因為凍傷部位的組織已失去知覺，這樣做很容易被燙傷。如果凍傷嚴重或全身凍僵，應及時使身體恢復至正常體溫，並及時前往醫院。

因為腳部容易出汗，鞋襪會變得潮濕，所以冬天的時候，腳趾更容易被凍傷。因此我們要經常烘乾鞋子、更換襪子，以確保腳部乾爽，預防凍傷。

糖尿病急症該如何急救？

糖尿病是一種以高血糖為特徵的慢性疾病，大多是因為胰島素分泌不足，從而引起的人體代謝紊亂，主要表現為多飲、多尿、多食和消瘦。患者在日常治療中需要注射胰島素以緩解病情，但如果胰島素使用不當，很可能會引發患者血糖過低等併發症，出現抽搐、大汗、嗜睡或意識不清等症狀。

遇到有人突發糖尿病急症時，不要驚慌，令患者平躺休息，並保持患者呼吸道通暢。如果患者沒有昏迷，可以給患者服用葡萄糖補液或口服葡萄糖片。如果身邊沒有相應的藥品，也可以給患者餵食高糖分高能量的食物或飲品，如糖果、甜品、果汁等。但如果患者開始出現煩躁不安或處於無意識的狀態，切記不要餵食食物或水，以免造成患者嗆咳甚至窒息，要保持患者「穩定側臥位」，以防因嘔吐等原因引起窒息。同時，盡快撥打急救電話。

哮喘發作了該怎麼辦？

哮喘是一種常見的氣道疾病，患者平時並不會感到不適，但如果受到外界刺激，支氣管就容易出現痙攣反應。突然發作性的呼吸困難，常在晚間或凌晨發生。

哮喘發作前常伴有打噴嚏、流鼻涕、眼睛發癢等症狀，發作時會立刻出現胸悶、呼吸困難或劇烈咳嗽等症狀，嚴重者還會因為缺氧而口脣發紫。

哮喘的發作持續時間和程度因人而異，一般會在幾分鐘內自行緩解。發作時，切記不能慌亂，以免使病症加重。可以使用短效氣管舒張劑等哮喘藥物緩解症狀，然後盡量坐起來，使自己的身體盡量往前傾，呼吸大量新鮮空氣。如果氣管舒張劑無效，也無法自行緩解，那麼應該盡快到附近的醫院治療。

哮喘發作多與接觸過敏原、冷空氣及病毒性上呼吸道感染、運動等有關，平時患者應多注意身體保暖，不要劇烈運動，戶外活動時避開草木茂盛的地方，必要時可以戴防花粉口罩，室內可以使用空氣淨化器。

脫臼了該怎麼辦？

　　脫臼在醫學上被稱為關節脫位，是指在意外的外力作用下，人體的關節頭和關節窩失去正常連接，發生了錯位。青少年由於身體處於生長發育階段，關節、韌帶比較嬌嫩，很容易發生脫臼。脫臼時，關節往往會腫脹、疼痛，活動也會受限。

　　脫臼時，千萬不要試着自己對錯位的關節進行復位，錯誤的手法可能會加重脫臼的程度。盡量不要移動受傷的部位，可以先用三角巾等物品固定好位置，然後前往醫院治療。復位後，仍舊需要懸吊或用其他裝置固定傷處，限制其活動，直到恢復。如果復位後關節仍出現腫脹和疼痛的情況，可以用冰敷的方式緩解。

　　脫臼治癒後，一定要注意保護自己的關節，以免再次受傷。如果同一個地方多次脫臼，導致韌帶變得愈來愈鬆弛，那麼很可能會形成習慣性脫臼，稍不留意，關節就會再次錯位，失去正常活動的功能。此外平時要加強鍛煉，以加快恢復受損關節的相關功能。

異物刺入身體該怎麼辦？

被異物刺入身體時，應立即停止運動，以防異物刺入更深。之後需要檢查異物的大小、刺入深度等，並做出不同的處理。

如果是肉眼看得見的小硬刺，如木刺、竹刺等，確保拔出後不會造成更嚴重的損傷時，可以用消毒後的鑷子將小刺輕輕拔出，並擠出受污染的血液，用大量清水沖洗傷口。如刺得比較深，可以在拔刺前，在傷口周圍塗上一層肥皂水或風油精等物，令刺軟化。如果被仙人掌、玫瑰等植物的軟刺刺到，可以將醫用的膠布貼在傷口處，再撕下，或許能將軟刺帶出。如果上述方法都不奏效，那麼需要盡快就醫。

如果被筆、鋼絲、剪刀、鋼筋等較大的硬物刺入身體，即使刺入較淺，也不要輕易拔出，並盡量不要活動，以防異物造成二次損傷，應立即前往醫院。傷口較重時，可在異物的兩側貼上乾淨的紗布、布墊，再用繃帶包紮固定。

□ 責任編輯：華　田
□ 裝幀設計：龐雅美　鄧佩儀
□ 排　版：楊舜君
□ 印　務：劉漢舉

植物大戰殭屍 2 之人體漫畫 09
——特工急救車

□
編繪
笑江南

□
出版
中華教育
香港北角英皇道 499 號北角工業大廈一樓 B
電話：(852) 2137 2338　傳真：(852) 2713 8202
電子郵件：info@chunghwabook.com.hk
網址：http://www.chunghwabook.com.hk

□
發行
香港聯合書刊物流有限公司
香港新界荃灣德士古道 220-248 號
荃灣工業中心 16 樓
電話：(852) 2150 2100　傳真：(852) 2407 3062
電子郵件：info@suplogistics.com.hk

□
印刷
泰業印刷有限公司
大埔工業邨大貴街 11 至 13 號

□
版次
2023 年 11 月第 1 版第 1 次印刷
© 2023 中華教育

□
規格
16 開（230 mm×170 mm）

□
ISBN：978-988-8860-87-6

植物大戰殭屍 2・人體漫畫系列
文字及圖畫版權 © 笑江南
由中國少年兒童新聞出版總社在中國首次出版　所有權利保留
香港及澳門地區繁體版由中國少年兒童新聞出版總社授權中華書局出版